当诗词遇见科学

陈征 著

20

北京时代华文书局

图书在版编目（CIP）数据

当诗词遇见科学：全20册 / 陈征著 . — 北京：北京时代华文书局，2019.1（2025.3重印）

ISBN 978-7-5699-2880-8

Ⅰ. ①当… Ⅱ. ①陈… Ⅲ. ①自然科学—少儿读物②古典诗歌—中国—少儿读物 Ⅳ. ①N49②I207.22-49

中国版本图书馆CIP数据核字(2018)第285816号

拼音书名 | DANG SHICI YUJIAN KEXUE：QUAN 20 CE

出 版 人 | 陈 涛
选题策划 | 许日春
责任编辑 | 许日春 沙嘉蕊
插 图 | 杨子艺 王 鸽 杜仁杰
装帧设计 | 九 野 孙丽莉
责任印制 | 訾 敬

出版发行 | 北京时代华文书局 http://www.bjsdsj.com.cn
　　　　　北京市东城区安定门外大街138号皇城国际大厦A座8层
　　　　　邮编：100011 电话：010-64263661 64261528
印　　刷 | 天津裕同印刷有限公司
开　　本 | 787 mm×1092 mm 1/24 印 张 | 1 字 数 | 12.5千字
版　　次 | 2019年8月第1版 印 次 | 2025年3月第15次印刷
成品尺寸 | 172 mm×185 mm
定　　价 | 198.00元（全20册）

自 序

　　一天，我坐在客厅的沙发上，望着墙上女儿一岁时的照片，再看看眼前已经快要超过免票高度的她，恍然发现，女儿已经六岁了。看起来她一直在身边长大，可努力搜索记忆，在女儿一生最无忧无虑的这几年里，能够捕捉到的陪她玩耍，给她读书讲故事的场景，却如此稀疏……

　　这些年奔忙于工作，陪孩子的时间真的太少了！

　　今年女儿就要上小学，放眼望去，小学、中学、大学……在永不回头的岁月中，她将渐渐拥有自己的学业、自己的朋友、自己的秘密、自己的忧喜，直到拥有自己的家庭、自己的人生。唯一渐渐少了的，是她还愿意让我陪她玩耍，给她读书、讲故事的时间……

　　不能等到孩子不愿听的时候才想起给她读书！这套书就源自这样的一个念头。

　　也许因为我是科学工作者，科学知识是女儿的最爱，她每多了解一个新的科学知识，我都能感受到她发自内心的喜悦。古诗词则是我的最爱，那种"思飘云物动，律中鬼神惊"的体验让一个学物理的理科男从另一个视角感到世界的美好。当诗词遇见科学，当我读给孩子，这世界的"真""善"与"美"如此和谐地统一了。

书中的科学知识以一个个有趣的问题提出，目的并不在于告诉孩子答案，而是希望引导孩子留心那些与自然有关的细节，记得观察生活、观察自然；引导孩子保持对世界的好奇心，多问几个为什么。兴趣、观察和描述才是这么大孩子的科学教育应该做的。而同时，对古诗词的赏析，则希望孩子们不要从小在心里筑起"文"与"理"之间的高墙，敞开心扉去拥抱一个包括了科学、文化和艺术的完整的世界。

不得不承认，这套书选择小学语文必背的古诗词，多少还是有些功利心在其中。希望在陪伴孩子的同时，也能为孩子的学业助一把力。

最后，与天下的父母共勉：多陪陪孩子，趁着他们还没长大！

目 录

清 袁枚

^{suǒ} ^{jiàn}
所见

mù tóng qí huáng niú　　gē shēng zhèn lín yuè
牧童骑黄牛，歌声振林樾。

yì yù bǔ míng chán　　hū rán bì kǒu lì
意欲捕鸣蝉，忽然闭口立。

释词

1 牧童：放牛的小孩。

2 振：振荡，回荡。说明牧童歌声嘹亮。

3 林樾：道旁成荫的树。

译文

一个放牛郎骑在黄牛背上，欢快地唱着山歌，嘹亮的歌声久久回荡在树林之中。忽然，他看到树上有一只鸣叫的蝉，便想捕捉，于是赶紧捂住嘴巴，停止唱歌，屏气凝神地站在树旁，生怕蝉儿受到惊吓飞走了。

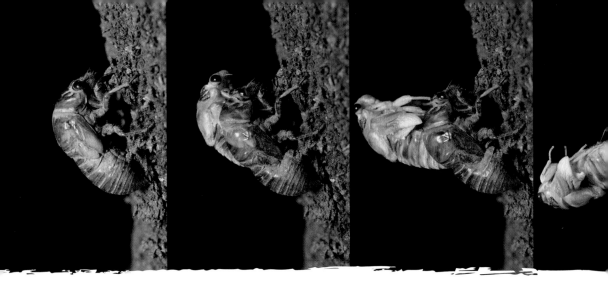

蝉是什么？

　　夏天天热的时候，经常会听到树上传来"知了、知了"的声音，所以大家常常把这种昆虫叫作"知了"，实际上它的大名就是"蝉"。

　　蝉这种动物，我们能见到它的时间很短，通常只有几个月，所以很多人以为蝉的寿命很短。其实蝉的寿命一般都有几年，甚至还有十几年的，只不过蝉一出生，刚孵化成幼虫就会钻入土壤，以植物根茎里的汁液为食。在土壤中度过几年的时间，直到它们发育成熟才会钻出地面，褪去外骨骼，展开翅膀变成我们平时看见的样子。一只蝉的寿命如果有 6 年，那么它的前 5 年多都在地下度过，只有最后几个月才爬出地面，让我们看到。

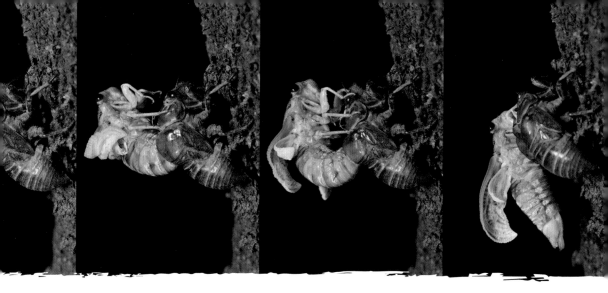

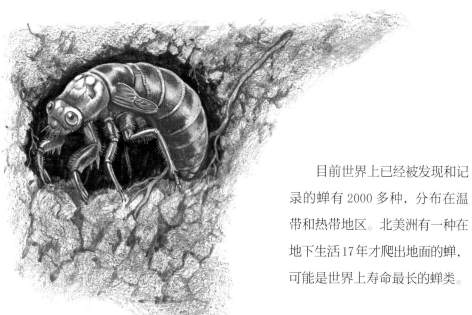

目前世界上已经被发现和记录的蝉有 2000 多种，分布在温带和热带地区。北美洲有一种在地下生活 17 年才爬出地面的蝉，可能是世界上寿命最长的蝉类。

蝉是怎么叫的？

我们和小猫小狗之类的动物都是靠喉咙里的声带来发出声音。而蝉是一种半翅目的昆虫，它的嘴只是一根细管，没有办法发出声音。那么蝉是怎么叫的呢？

"蝉是非常喜欢唱歌的。它翼后的空腔里带有一种像钹一样的乐器。它还不满足，还要在胸部安置一种响板，以增加声音的强度。的确，有种蝉，为了满足音乐的嗜好，牺牲了很多。因为有这种巨大的响板，使得生命器官都无处安置，只得把它们压紧到身体最小的角落里。当然了，要热心委身于音乐，那么只有缩小内部的器官，来安置乐器了。"法布尔的《昆虫记》这样描述过。

原来蝉肚子上有一对叫作"腹瓣"的盖板，下面的空腔里有像蒙了鼓膜的大鼓一样的发声器。鼓膜随着第一、第二腹节上鸣肌的不断收缩和舒展产生振动、发出声音，这个声音通过盖板下的小空腔共鸣放大后，听起来很响。而蝉的鸣肌振动速度很快，每秒钟能达到上万次，所以音调也很高，听起来很嘹亮。

腹瓣 ————

通常会发出蝉鸣的都是雄蝉，它们通过鸣叫来吸引雌蝉。然而因为听觉器官不发达，雄蝉并不太听得到自己的叫声。雌蝉的发声器发育不完全，所以不能发出声音。不过它的听觉器官却比雄蝉发达，所以它们对雄蝉的鸣叫声很敏感。

清 高鼎

村居 cūn jū

cǎo zhǎng yīng fēi èr yuè tiān
草 长 莺 飞 二 月 天，

fú dī yáng liǔ zuì chūn yān
拂 堤 杨 柳 醉 春 烟 。

ér tóng sàn xué guī lái zǎo
儿 童 散 学 归 来 早，

máng chèn dōng fēng fàng zhǐ yuān
忙 趁 东 风 放 纸 鸢 。

12

释词

纸鸢：用纸做的风筝，此处泛指风筝。

译文

时间悄无声息地走到了二月，万物早已按捺不住对春的期盼，蠢蠢欲动：小草总是这么调皮，它先好奇地露出了小脑袋，露出了裙摆，最后露出了双脚，甚至还跟着风的节奏，跳起了舞；黄莺更有意思，它一会儿站在这个枝头，一会儿飞到那个树杈，东瞧瞧西看看；柳树正将那修长柔嫩的枝条伸向河堤。快看！村头孩子们放学了，他们嘻嘻哈哈，一路走，一路笑。原来，他们早就商量好了，要赶紧趁着这东风，去田野放风筝！啊，整个世界热闹起来啦！

为什么堤岸上要种杨柳？

首先要说的是，"杨柳"并不是指杨树和柳树，而是柳树的别称。相传隋炀帝杨广开凿通济渠的时候，有大臣建议在堤岸上种柳树，隋炀帝采纳了这个建议，不但亲自栽种，还给柳树赐姓杨，从此柳树就有了"杨柳"的别称。

过去的堤岸多是用土堆成，很容易遭到水流冲刷而损坏，在上面栽植一些树木，能够利用树木根系形成的网，把堤岸上的土牢牢抓住，从而起到固堤护堤的作用。

栽植在堤岸上的树木，必须适应能力强，不怕旱、不怕涝，还要根系发达，以便更好地固堤。在中国有 4000 多年培育历史的原生树种——柳树，在以上各方面都符合要求。柳树根系发达，生存能力强，而且培育方法简单，插枝就能活。所以从古至今都是堤岸上不可或缺的树种，也获得了文人墨客的喜爱，留下了许多有关杨柳的诗歌。

飞机和风筝飞在空中的道理一样吗？

　　风筝在中国有着 2000 多年的历史，相传春秋战国时期的墨子，用木头制成的木鸟，是最早的风筝。后来，鲁班用竹子改进了墨子的设计。隋唐时期，人们已经开始用竹篾和纸张来糊风筝。到了宋代，放风筝已是广受大家喜欢的活动了。

　　今天的风筝已有许多种类，除了常见的平面风筝以外，还有各种各样的立体风筝。不过不管什么样的风筝，飞行的原理相似，都是让风筝的迎风面与风形成一定的夹角，使气流对风筝产生向上的托举力。

而飞机飞行的原理却和风筝不太一样，它利用了流体力学中的伯努利原理。简单说就是流速快的地方压强小，流速慢的地方压强大。飞机的机翼并不是一个平面，而是从侧面看起来上部隆起、下部平直的一种特殊形状。气流流过机翼时，因为下表面比较平直，气流速度比较慢，产生向上的压强比较大；而隆起的上表面气流速度比较快，产生向下的压强比较小；这样上下表面之间的压差就为飞机提供了升力，把飞机托在了空中。

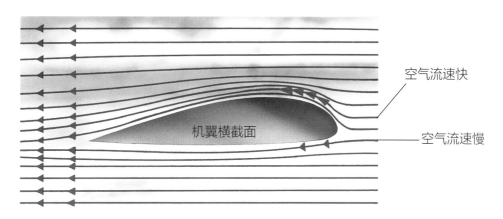

空气流速快

机翼横截面

空气流速慢

　　伯努利原理在生活中很常见。比如在下巴上贴一张纸条，当你用力吹气时，因为纸条上方的气流速度很快，压强小；而纸条下方相对静止的空气压强比较大，纸条就会随着气流飘飞起来。

己亥杂诗

清 龚自珍

jiǔ zhōu shēng qì shì fēng léi
九州生气恃风雷，

wàn mǎ qí yīn jiū kě āi
万马齐喑究可哀。

wǒ quàn tiān gōng chóng dǒu sǒu
我劝天公重抖擞，

bù jū yì gé jiàng rén cái
不拘一格降人才。

1 己亥：是干支纪年法，"己"为天干，"亥"为地支，"己亥"是指道光十九年（1839 年）。

2 生气：生命力，生机勃勃的。

3 恃：依靠，凭借。

4 万马齐喑：比喻社会政局一片沉寂，毫无生气。喑，沉默，缄默不语。

5 天公：造物主。

6 抖擞：振作，奋发。

当时清朝政治腐朽，社会衰败，全国上下到处都暮气沉沉，对国家来说，这终究是一种悲哀。我认为，只有依靠风雷激荡般的变革力量，才能使古老的华夏大地重新焕发生机。我奉劝上天重新振作精神，不要拘泥于一些成规，请提拔更多的人才吧，让他们一扫目前昏庸的政治，改变死气沉沉的社会局面。

雷电是怎么形成的？

在中国古代神话中，雷电是由雷公、电母等负责雷电的神仙敲打法器发出的；在古希腊神话中，雷电则是宙斯手中的像标枪一样投掷的武器。

随着社会的进步，科学家发现，雷电其实是一种放电现象。天空中的云层在运动过程中，会不断摩擦起电，积累出大量带正电和负电的离子。当这些带电离子堆积得足够多时，就会产生很强的电场，一下击穿原本绝缘的空气，产生放电，形成一道明亮的电弧，这就是我们看到的闪电。放电的同时也会产生很高的温度，让被击穿的空气体积急剧膨胀，产生像爆炸一样的声音，这就是我们听到的雷声。因为光每秒钟能跑 30 万公里，而声音在空气中的传播速度每秒只有 300 多米，所以当雷电发生时，在远处的我们通常都是先看到闪电，后听到轰隆隆的雷声。雷电的距离越远，雷声滞后得就越久。

雷电现象和我们冬天脱毛衣时看到的噼噼啪啪的电火花本质上相同，只不过雷电的能量要大上百万倍。最早揭示雷电是一种放电现象的是美国科学家富兰克林。很多人都听过富兰克林放风筝捕捉雷电的故事，但这个故事应该是虚构的。闪电的能量非常大，富兰克林如果真的放风筝去捕捉，那几乎必死无疑。历史上也真的曾经有一位俄罗斯科学家在这样的实验中身亡。

　　事实上，富兰克林是在 1750 年左右，最早提出了用实验来证明雷电是放电现象的方法，后来由一位法国科学家用下图中的装置，通过观察铁棍上的电火花来实现的。

避雷针是干什么的，为什么能防雷？

我们经常能够看到建筑顶端，在最高的地方竖着一根长长的细铁棍，细铁棍还通过导线连到大地，这就是避雷针。

因为越细越尖的地方越容易聚集电荷产生放电，所以雷电产生的时候，往往先劈那些又高又细的东西。比如雷雨天站在旷野的大树下就很危险，因为雷电很容易劈中树梢。于是许多人就会以为，避雷针的作用是当雷电形成的时候，会直接劈在又尖又细的避雷针上，而不是劈在建筑上，以起到保护建筑的作用。

　　事实并不是这样的。雷电一旦形成，在极短的时间内释放巨大的能量，产生极强的电流，根本不是普通的避雷针能够承受的。避雷针真正的作用，是利用它又细又尖的尖端，让空气中摩擦产生的电荷不断经过避雷针流向大地，不在云层中积聚，从而使雷电不容易产生。

　　今天由于城市里的建筑上有大量的避雷针，所以在城市的上空，很少产生雷电。我们看到的闪电，多发生在远离城市的旷野上空。

① 试着写一首关于蝉的五言绝句。

② 尝试利用伯努利原理制作一架能飞得又高又远的纸飞机。

③ 春天放风筝时，有哪些技巧可以让风筝飞得更高、更平稳？

扫描二维码回复"诗词科学"

即可收听本书音频